BEI GRIN MACHT SICH IHR WISSEN BEZAHLT

AF149048

- Wir veröffentlichen Ihre Hausarbeit,
  Bachelor- und Masterarbeit

- Ihr eigenes eBook und Buch -
  weltweit in allen wichtigen Shops

- Verdienen Sie an jedem Verkauf

Jetzt bei www.GRIN.com hochladen
und kostenlos publizieren

Bibliografische Information der Deutschen Nationalbibliothek:

Die Deutsche Bibliothek verzeichnet diese Publikation in der Deutschen National-
bibliografie; detaillierte bibliografische Daten sind im Internet über http://dnb.d-
nb.de/ abrufbar.

Impressum:

Copyright © 2002 GRIN Verlag, Open Publishing GmbH
Druck und Bindung: Books on Demand GmbH, Norderstedt Germany
ISBN: 978-3-638-64413-6

Dieses Buch bei GRIN:

http://www.grin.com/de/e-book/15710/clusteranalyse-mit-spss-vorueberlegungen-
ziele-durchfuehrung

Andre Hiller

Clusteranalyse mit SPSS. Vorüberlegungen, Ziele, Durchführung

GRIN Verlag

GRIN - Your knowledge has value

Der GRIN Verlag publiziert seit 1998 wissenschaftliche Arbeiten von Studenten, Hochschullehrern und anderen Akademikern als eBook und gedrucktes Buch. Die Verlagswebsite www.grin.com ist die ideale Plattform zur Veröffentlichung von Hausarbeiten, Abschlussarbeiten, wissenschaftlichen Aufsätzen, Dissertationen und Fachbüchern.

Besuchen Sie uns im Internet:

http://www.grin.com/

http://www.facebook.com/grincom

http://www.twitter.com/grin_com

Hausarbeit

Die Durchführung der Clusteranalyse mit SPSS

Name: **André Hiller**

Studiengang: BWL
Studienfach: Computergestützte empirische Analyse

18.03.2002

Gliederung:

Abbildungsverzeichnis:

0.   Zielstellung

Ziel dieser Hausarbeit ist es, die Durchführung der Clusteranalyse mit Hilfe von SPSS zu erläutern. Dazu wird als erstes einiges über die Entwicklung und die Funktionsweise von SPSS gesagt werden.

Anschließend wird die Clusteranalyse näher erläutert, dabei wird auf die Ziele der Clusteranalyse eingegangen und darauf welche Vorüberlegungen vor deren Durchführung getroffen werden sollten.

Außerdem werden Ähnlichkeitsmaße und einige Fusionierungsmethoden, die für die Durchführung der Clusteranalyse nötig sind im Hinblick auf die Verwendung in SPSS erläutert.

Abschließend wird die Durchführung der Clusteranalyse mit Hilfe von SPSS anhand eines konkreten Beispiels dargestellt.

Dabei wird auf die verwendeten Daten, das Ziel dieser Analyse und die Ergebnisse und deren Interpretation eingegangen.

1. Das Programm SPSS

1.1 Die Entwicklung von SPSS

SPSS ist die Abkürzung für Statistical Product and Service Solutions (früher: Statistical Package for Social Sciences). Es ist ein weit verbreitetes Werkzeug für die statistische Analyse sozialwissenschaftlicher Daten, wenn auch nicht das einzige Werkzeug für diesen Zweck. Zum anderen gibt es auch hochspezialisierte Programme für bestimmte Anwendungsfälle, zum Beispiel im Bereich verallgemeinerter linearer Modelle oder für Mehrebenenanalysen.

Die Anfänge von SPSS reichen bis in das Jahr 1965 zurück: Die erste Version dieses Werkzeuges wurde von Norman Nie und Dale Bent an der Stanford University entwickelt. Dieses wurde auf Großrechnern in der Programmiersprache Fortran implementiert. Danach erfolgte eine ständige Weiterentwicklung.

1983 kam es zu einer vollständigen Überarbeitung des Konzeptes zu SPSS: das erweiterte SPSS-X. Seit 1983 gibt es auch Versionen für den IBM-PC (SPSS für Windows). Die Verwendung des Windows - basierten SPSS vereinfacht die Arbeit in vielen Fällen durch Menü- und Dialogfensterstrukturen, die viele Anwendungsfälle abdecken. Trotzdem arbeitet im Hintergrund ein Syntax - orientierter Befehlsinterpreter. Und für immer wiederkehrende oder komplexere Aufgaben steht er dem Anwender immer noch zur Verfügung.

Das Programm gibt es in verschiedenen, unterschiedlich umfangreichen Varianten. Neben dem BASIC - Modul gibt es weitere wichtige Module für SPSS für Windows, die hier nur kurz erwähnt werden sollen:

- SPSS Professional Statistics
- SPSS Advanced Statistics
- SPSS Answer Tree
- SPSS Tables, Trends, Categories

Die Implementation von SPSS unter Windows nutzt dabei Techniken, die auch in Tabellenkalkulationsprogrammen und Programmen zur Präsentation von wissenschaftlichen Ergebnissen benutzt werden, somit wird der Einstieg erleichtert. Doch sei hier gesagt: Ohne Kenntnis von statistischen Verfahren und Programmkenntnissen wird man eben nur einfache Aufgaben realisieren können.[1]

---

[1] Dr. Roland Unger, Einführungskurs SPSS, 2000, S.5,6

1.2 Die Oberfläche von SPSS für Windows

Der Dateneditor:

Die statistischen Daten werden in einer zweidimensionalen Wertetabelle eingetragen. Dabei wird zwischen Fällen und Variablen unterschieden. Als Fall wird ein Element einer Stichprobe bezeichnet. Zu jedem Fall gibt es ein oder mehrere Befragungsergebnisse, das quantifizierbare Ergebnis jeder Frage wird einer Variablen zugeordnet.[1]

Diese können in der Variablenansicht des Dateneditors definiert und geändert werden. Jeder Variablen wird ein Name und der Typ zugeordnet. Außerdem werden das Spaltenformat und die Anzahl der Dezimalstellen festgelegt. Um später eine bessere Übersicht zu erhalten, sollten Variablen- und Wertelabels sowie die Spaltenanzahl und die Ausrichtung eingegeben werden. Um Fehler bei Berechnungen zu vermeiden, ist es möglich Standardwerte für fehlende Werte anzugeben und das Messniveau zu wählen.

In der Datenansicht können nun die aus Befragungen gewonnenen Fälle eingetragen werden. Allerdings eignet sich dieser nur zur Eingabe und Korrektur kleiner Datensätze. Größere Datenmengen können mit Hilfe der Module SPSS Data Entry und SPSS Data Entry Builder erstellt werden.

Die Dateneingabe orientiert sich weitestgehend an der in Tabellenkalkulations-Programmen üblichen Vorgehensweise.

Der Viewer:

Hier werden die Ergebnisse angezeigt. Der Viewer kann für folgende Vorgänge verwendet werden:

Durchsuchen der Ergebnisse, Ein- und Ausblenden von ausgewählten Tabellen und Diagrammen, Ändern der Anzeigereihenfolge der Ergebnisse durch Verschieben ausgewählter Objekte, Verschieben von Objekten zwischen dem Viewer und anderen Anwendungen.

Der Viewer ist in zwei Fensterbereiche aufgeteilt:

Der linke Fensterbereich des Viewers enthält eine Gliederungsansicht des Inhalts. Der rechte Fensterbereich enthält Statistiktabellen, Diagramme und Textausgabe.[2]

---

[1] Dr. Roland Unger, Einführungskurs SPSS, 2000, S.17
[2] SPSS Hilfe, SPSS Version 10

2.   Die Clusteranalyse im Allgemeinen

2.1   Ziel der Clusteranalyse

Unter dem Begriff Clusteranalyse versteht man Verfahren zur Gruppenbildung. Das durch sie zu verarbeitende Datenmaterial besteht im allgemeinen aus einer Vielzahl von Personen bzw. Objekten. Beispielhaft seien die 20000 eingeschriebenen Studenten einer Hochschule genannt. In diesem Fall mögen dies das Geschlecht, das Studienfach, die Semesterzahl, der Studienwohnort, die Nationalität und der Familienstand sein. Ausgehend von diesen Daten besteht die Zielsetzung der Clusteranalyse in der Zusammenfassung der Studenten zu Gruppen. Die Mitglieder einer Gruppe sollen dabei eine weitgehend verwandte Eigenschaftsstruktur aufweisen, d.h. sich möglichst ähnlich sein. Zwischen den Gruppen sollen demgegenüber (so gut wie) keine Ähnlichkeiten bestehen. Ein wesentliches Charakteristikum der Clusteranalyse ist die gleichzeitige Heranziehung aller vorliegenden Eigenschaften zur Gruppenbildung.

Ihren Ablauf kann man in zwei grundlegende Schritte unterteilen:

1. Schritt: Wahl des Proximitätsmaßes

   Man überprüft für jeweils zwei Personen die Ausprägungen der sechs Merkmale und versucht, durch einen Zahlenwert die Unterschiede bzw. Übereinstimmungen zu messen. Die berechnete Zahl symbolisiert die Ähnlichkeit der Personen hinsichtlich der untersuchten Merkmale.

2. Schritt: Wahl des Fusionierungsalgorithmus

   Aufgrund der Ähnlichkeitswerte werden die Personen so zu Gruppen zusammengefasst, dass sich die Studenten mit weitgehend übereinstimmenden Eigenschaftsstrukturen in einer Gruppe wieder finden.

Bei allen Problemstellungen, die mit Hilfe der Clusteranalyse gelöst werden können, geht es immer um die Analyse einer heterogenen Gesamtheit von Objekten (z.B. Personen, Unternehmen), mit dem Ziel, homogene Teilmengen von Objekten aus der Objektgesamtheit zu identifizieren.[1]

---

[1] Backhaus, Erichson, Plinke, Weiber, Multivariate Analysemethoden, 9.Auflage, 2000, S.329

2.2 Vorüberlegungen

Bevor eine Clusteranalyse durchgeführt wird, sollten einige Überlegungen zur Auswahl und Aufbereitung der Ausgangsdaten angestellt werden.

1) Anzahl der Objekte
2) Problem der Ausreißer
3) Anzahl der zu betrachtenden Merkmale
4) Gewichtung der Merkmale

Wurde eine Clusteranalyse auf Basis einer Stichprobe durchgeführt und sollen aufgrund der gefundenen Gruppierungen Rückschlüsse auf die Grundgesamtheit gezogen werden, so muss sichergestellt werden, dass auch genügend Elemente in den einzelnen Gruppen enthalten sind, um die entsprechenden Teilgesamtheiten in der Grundgesamtheit zu repräsentieren.

Außerdem sollten sog. Ausreißer aus der gegebenen Objektmenge herausgenommen werden. Sie führen dazu, dass der Fusionierungsprozess der übrigen Objekte stark beeinflusst wird und damit das Erkennen der Zusammenhänge zwischen den übrigen Objekten erschwert wird und Verzerrungen auftreten. Eine Möglichkeit zum Auffinden solcher Ausreißer bietet z.B. das Single-Linkage-Verfahren.

Es sollte auch darauf geachtet werden, dass nur solche Merkmale im Gruppierungsprozess Berücksichtigung finden, die aus theoretischen Überlegungen als relevant für den zu untersuchenden Sachverhalt anzusehen sind.

Weiterhin lässt ich i.d.R. nicht bestimmen, ob die betrachteten Merkmale mit unterschiedlichem Gewicht zur Gruppenbildung beitragen sollen, so dass weitgehend eine Gleichgewichtung der Merkmale unterstellt wird.

Hierbei ist darauf zu achten, dass insbesondere durch hoch korrelierende Merkmale bei der Fusionierung der Objekte bestimmte Aspekte überbetont werden, was wiederum zu einer Verzerrung der Ergebnisse führen kann. Weisen zwei Merkmale hohe Korrelation (>0,9) auf, so ist zu überlegen, ob eines der Merkmale ausgeschlossen werden kann. Andere Möglichkeiten sind das Vorschalten einer explorativen Faktorenanalyse und die Verwendung der Mahalanobis - Distanz.[1]

Es sollten weiterhin auch keine konstanten Merkmale, d.h. Merkmale die bei allen Objekten die gleiche Ausprägung ausweisen in die Analyse einbezogen werden.

---

[1] Vgl.: Backhaus, Erichson, Plinke, Weiber, Multivariate Analysemethoden, 9.Auflage, 2000, S.380ff

2.3 Abstandsmaße

Die Grundlage der Clusterung von Fällen ist die Distanz- bzw. Ähnlichkeitsmatrix der Fälle. Da auch eine Distanz letztlich zu einer Beurteilung einer Ähnlichkeit benutzt wird, ist der Unterschied zwischen beiden Matrixarten nicht relevant. Je nachdem, welches Messniveau die beteiligten Variablen haben, bietet SPSS verschiedene Distanz bzw. Ähnlichkeitsmaße an.

Für intervallskalierte (metrische) Variablen stehen acht verschiedene Distanz- bzw. Ähnlichkeitsmaße zur Auswahl.

Der euklidische Abstand zwischen zwei Punkten ist die kürzeste Entfernung zwischen beiden, im zwei- oder dreidimensionalen Fall sozusagen die Luftlinie.

Der quadrierte euklidische Abstand ist die Voreinstellung bei SPSS. Durch die Quadrierung werden große Differenzen bei der Distanzberechnung stärker berücksichtigt. Dieses Maß sollte auf alle Fälle benutzt werden bei der Zentroid-, Median-, und Ward-Clustermethode.

Der Wertebereich des Kosinus-Maßes liegt, wie beim Korrelationskoeffizienten nach Pearson, zwischen -1 und +1.

Der Korrelationskoeffizient nach Pearson mit Werten zwischen -1 und +1 als Ähnlichkeitsmaß eignet sich nicht, wenn die Clusterung der Fälle nur anhand von zwei Variablen erfolgt.

Die Differenz nach Tschebyscheff zwischen zwei Fällen ist die absolut größte Differenz, die zwischen den beiden Fällen auftritt.

Die Block-Distanz ist die Summe der absoluten Differenzen zwischen den Wertepaaren. Es ist in zweidimensionalen Raum nicht wie bei der euklidischen Distanz die Luftlinie zwischen zwei Punkten, sondern die Strecke die ein Taxifahrer sozusagen unter Ausnutzung der rechtwinklig angelegten Straßen von einem Haus zum anderen zurücklegen muss.

Die Minkowski-Distanz ist im Prinzip die r-te Wurzel aus der Summe der r-ten Potenzen der absoluten Differenzen zwischen den Wertepaaren. Bei SPSS ist für die Wurzel allerdings nur der Wert 2, während für die Potenz die Werte 1 bis 4 ausgewählt werden können. Für den Potenzwert 2 ergibt sich daraus die euklidische Distanz.[1]

---

[1] Vgl.: Bühl, Zöfel, SPSS Version 10, 2000, S. 486ff

Bei binären Variablen handelt es sich in der Regel um Variablen, die angeben, ob ein Tatbestand erfüllt ist oder nicht, bzw. ob ein bestimmtes Kriterium vorhanden ist oder nicht. In der Datenmatrix muss dies durch zwei Zahlenwerte codiert sein, wobei SPSS voreinstellungsmäßig für die Codierung des Erfülltseins die Ziffer 1 erwartet. Folgende Ähnlichkeitsmaße stehen zur Verfügung.

Die Quadrierte euklidische Distanz ist die Anzahl der Fälle, bei denen jeweils ein Kriterium vorhanden und eins nicht vorhanden ist. Dies ist die Voreinstellung.

Die (binäre) euklidische Distanz ist die Wurzel aus der Anzahl der Fälle, bei denen jeweils ein Kriterium vorhanden und eins nicht vorhanden ist.

Die Größendifferenz hat einen minimalen Wert von 0 und keine obere Grenze.

Die Musterdifferenz hat ebenfalls den minimalen Wert von 0 aber eine obere Grenze von 1.

Die Varianz hat genau wie die Größendifferenz einen minimalen Wert von 0 und keine obere Grenze.

Das Ähnlichkeitsmaß Form hat weder eine obere noch eine untere Grenze.

Das Lance and Williams Maß nimmt Werte zwischen 0 und 1 an. Wobei Fälle, wo beide Merkmale nicht vorhanden sind, nicht einbezogen werden.

Die verschiedenen Maße unterscheiden sich vor allem darin, welche der vier Häufigkeiten in den betreffenden Formeln verwendet werden. Für welches Distanzmaß man sich entscheidet, hängt also im Einzelfall davon ab, welche Bedeutung den Häufigkeiten beigemessen wird.[1]

---

[1] Vgl.: Bühl, Zöfel, SPSS Version 10, 2000, S. 490ff

2.4 Verfahren der Clusteranalyse

Die untere Abbildung gibt einen Überblick über ausgewählte Cluster-Algorithmen.

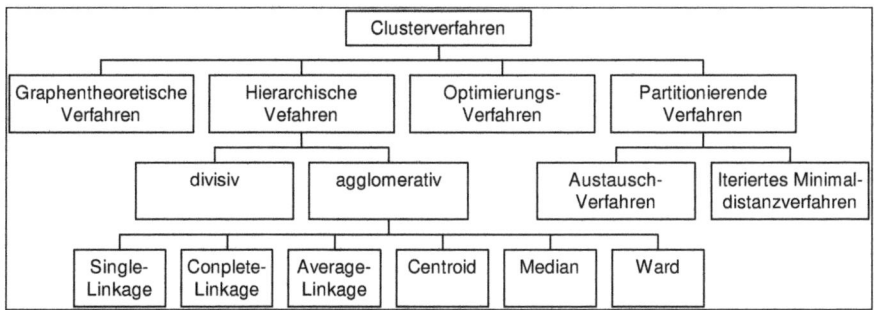

Abb. 1: Ausgewählte Cluster-Algorithmen

Im folgenden sollen die wichtigsten Verfahren kurz erläutert werden.

Bei den hierarchischen Verfahren unterscheidet man zwischen agglomerativen und divisiven Algorithmen. Während man bei den agglomerativen Verfahren von der feinsten Partition (sie entspricht der Anzahl der Untersuchungsobjekte) ausgeht, bildet die gröbste Partition (alle Untersuchungsobjekte befinden sich in einer Gruppe) den Ausgangspunkt der divisiven Algorithmen. Somit lässt sich der Ablauf der ersten Verfahrensart durch die Zusammenfassung von Gruppen und die Aufteilung einer Gesamtheit in Gruppen charakterisieren.

Die partitionierenden Verfahren gehen von einer gegebenen Gruppierung der Objekte aus und ordnen die einzelnen Elemente mit Hilfe eines Austauschalgorithmus zwischen den Gruppen so lange um, bis eine gegebene Zielfunktion ein Optimum erreicht. Während bei den hierarchischen Verfahren eine einmal gebildete Gruppe im Analyseprozess nicht mehr aufgelöst werden kann, haben die partitionierenden Verfahren den Vorteil, dass während des Fusionierungsprozesses Elemente zwischen den Gruppen getauscht werden können.[1]

Beim Austauschverfahren wird von einem Ausgangspunkt begonnen. Die Verbesserung der Gruppenzugehörigkeit wird durch austauschen der einzelnen Objekte anhand des Varianzkriteriums erreicht. Trotz der höheren Flexibilität der partitionierenden Verfahren, kommen in der Praxis häufiger die hierarchischen Verfahren zur Anwendung.

---

[1] Vgl.: Backhaus, Erichson, Plinke, Weiber, Multivariate Analysemethoden, 9.Auflage, 2000, S. 348f

Folgende hierarchische Methoden werden von SPSS angeboten.

Die Methode Linkage zwischen den Gruppen ist dabei voreingestellt.

Die Distanz zwischen zwei Clustern ist dabei der Durchschnitt der Distanzen von allen möglichen Fallpaaren, wobei jeweils ein Fall aus dem einen und der andere Fall aus dem anderen Cluster genommen wird. Die zur Distanzberechnung benötigte Information wird also aus allen theoretisch möglichen Distanzpaaren ermittelt.

Die Methode Linkage innerhalb der Gruppen ist eine Variante der Linkage zwischen den Gruppen, und zwar wird die Distanz zwischen zwei Clustern aus allen möglichen Fallpaaren beider Cluster gebildet, wobei also auch die Fallpaare innerhalb eines Clusters berücksichtigt werden.

Bei der Methode Nächstgelegener Nachbar (auch Single Linkage genannt) ist die Distanz zwischen zwei Clustern die zwischen dem nächstgelegenen Fallpaar, wobei jeweils ein Fall aus einem der beiden Cluster stammt.

Die Distanz zwischen zwei Clustern bei der Methode Entferntester Nachbar (auch Complete Linkage genannt) ist diejenige zwischen dem entferntesten Fallpaar, wobei jeweils ein Fall aus einem der beiden Cluster stammt.

Beim Zentroid-Clustering werden in beiden Clustern die Variablenmittelwerte der im Cluster enthaltenen Fälle berechnet. Die Distanz zwischen den beiden Clustern wird anschließend so berechnet wie die Distanz zwischen zwei Fällen.

Die Median-Clustering-Methode ist der Zentroid-Methode ähnlich. Bei dieser ergibt sich der Zentroid des neuen Clusters als gewogenes Mittel der Zentroiden der beiden Ausgangscluster, wobei die Fallzahlen dieser Ausgangscluster die Gewichte bilden. Bei der Median-Methode hingegen gehen beide Ausgangscluster mit dem gleichen Gewicht ein.

Bei der Ward-Methode werden für beide Cluster über die jeweils enthaltenen Fälle zunächst die Mittelwerte der einzelnen Variablen berechnet. Anschließend werden die quadrierten Euklidischen Distanzen der einzelnen Fälle jedes Clusters zu diesem Clustermittelwert berechnet. Diese Distanzen werden aufsummiert. Es werden dann jeweils diejenigen beiden Cluster zu einem neuen Cluster fusioniert, die durch ihre Vereinigung den geringsten Zuwachs in der Gesamtsumme der Distanzen ergeben.

Da einige dieser Methoden offensichtliche Nachteile haben, andere nur noch schwer zu durchschauen sind, ist es wohl zu empfehlen, die voreingestellte und einsichtige Methode zu verwenden.[1]

---

[1] Bühl, Zöfel, SPSS Version 10, 2000, S. 492f

3. Die Clusteranalyse im speziellen Fall

3.1 Die Daten

Die verwendeten Daten sind der CD zum Buch SPSS Version 10 von Achim Bühl und Peter Zöfel entnommen wurden. Für eine bessere Übersicht wurden die Namen der Variablen der Ursprungsdatei (Assess.sav) geändert.

Es handelt sich hierbei um Daten eines Assessment-Centers. Dabei durchliefen die Bewerber mehrere Testreihen. Es wurden dabei für jede Person und jeden Test Punkte von 0 bis 10 verteilt. Dafür wurden das Zahlengedächtnis, das Lösen mathematischer Aufgaben, die Wort- und Redegewandtheit, ein Algorithmentest, die Sicherheit im Auftreten, der Teamgeist, die Schlagfertigkeit, die Kooperation, die Anerkennung in der Gruppe und schließlich die Überzeugungskraft der Personen bewertet.

Der Name und eine zugehörige laufende Nummer der Getesteten sind am Anfang der Tabelle zu finden.

Die untere Abbildung zeigt die entstandene Tabelle im SPSS.

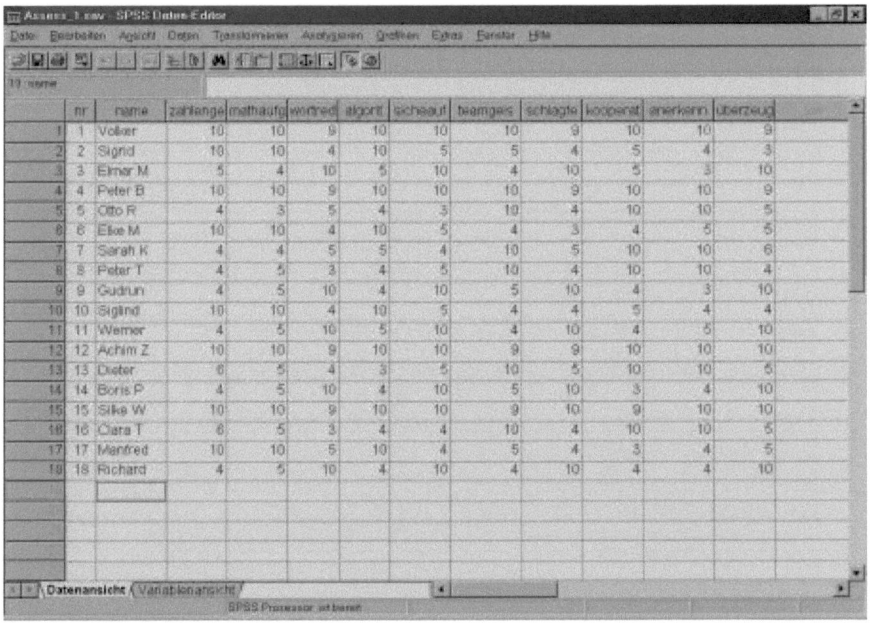

Abb. 2: Ausgangsdaten für die Clusteranalyse

3.2 Ziel der Analyse

Ziel ist es, die Bewerber für einen Posten auszuwählen, die am besten geeignet scheinen. Dazu wurde bereits eine Vorauswahl bei den Einladungen zum Assessmentcenter getroffen. Für die weitere Auswahl müssen wiederum von den getesteten Personen einige ausgewählt werden, die für ein Vorstellungsgespräch in Frage kommen. Diese Auswahl kann mit Hilfe der Clusteranalyse erfolgen, wodurch die Kandidaten aufgrund ihrer Testergebnisse in unterschiedliche Gruppen eingeteilt werden können.

3.3 Durchführung der Analyse

Die Hierarchische Clusteranalyse ist in SPSS im Menü Analysieren, Klassifizieren, →Hierarchische Cluster zu finden.

Im nun erscheinenden Fenster werden die gewünschten Variablen, die in die Analyse einfließen sollen, ausgewählt. Da die Bewerbernummer keine sinnvolle Aussage für die Clusteranalyse beinhaltet und der Name ebenfalls nicht (mit Namen kann nicht gerechnet werden und aus der Bewerbernummer kann kein sinnvoller Abstand zu einer der anderen Variablen berechnet werden), werden diese nicht in die Analyse einbezogen.

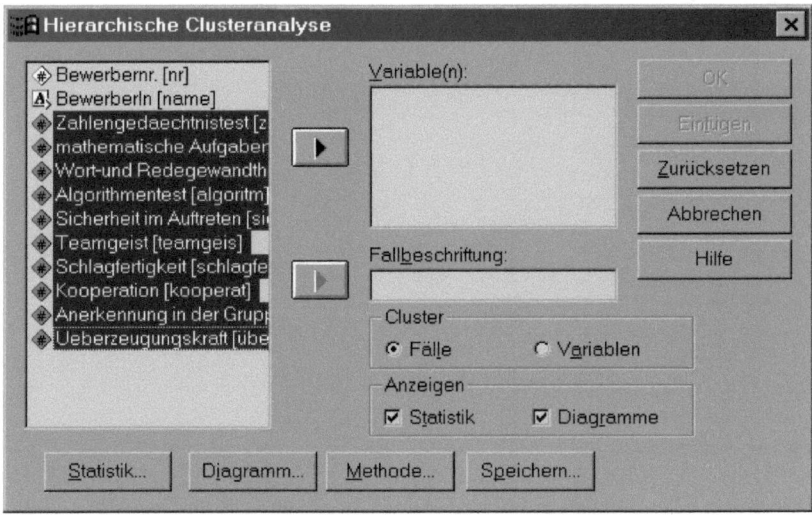

Abb. 3: Auswahlfenster der Hierarchischen Clusteranalyse

Als erstes sollen die Variablen geclustert werden. Dabei werden die Abstände zwischen den Variablen berechnet. Für die Auswertung müssen die Statistiken und Diagramme angezeigt werden.

Zur Auswahl stehen bei den Statistiken die Zuordnungsübersicht und die Distanzmatrix. Die Zuordnungsübersicht zeigt, welche Fälle bzw. Cluster in jedem Schritt kombiniert wurden, die Abstände zwischen den Fällen oder Clustern, die kombiniert werden, und der Cluster-Schritt, in dem eine Variable (oder ein Fall) in den Cluster aufgenommen wurde. [1]

Die Distanzmatrix zeigt die Distanzen bzw. Ähnlichkeiten zwischen den Variablen (oder Fällen).

Die Anzeige der Cluster-Zugehörigkeit der Variablen (oder Fälle) kann gewählt werden wenn man eine Einteilung in eine bestimmte Anzahl Gruppen erreichen möchte oder nach Auswertung des Dendogramms. Für diese Daten ist eine Einteilung in drei Gruppen die beste Wahl. Die Erklärung hierfür zeigt die Auswertung des Dendogramms im nächsten Abschnitt.

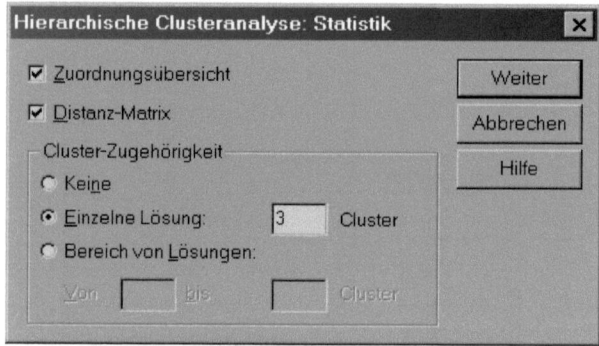

Abb.4: Statistik-Auswahlfenster

[1] SPSS Hilfe, SPSS Version 10

Als Diagramme kann man sich das Dendogramm und das Eiszapfen-Diagramm anzeigen lassen.

Das Dendogramm ist eine anschauliche Darstellung der Schritte bei der hierarchischen Clusteranalyse, bei der die verbundenen Cluster und die Werte des Distanzkoeffizienten für jeden Schritt angezeigt werden. Verbundene vertikale Linien kennzeichnen verbundene Fälle. Das Dendrogramm transformiert die eigentlichen Abstände in Zahlen von 0 bis 25, wobei das Verhältnis der Abstände zwischen den Schritten beibehalten wird.

Ein Eiszapfendiagramm enthält alle Cluster oder einen bestimmten Bereich von Clustern. Eiszapfendiagramme zeigen an, wie Fälle bei jeder Iteration der Analyse in Clustern zusammengeführt werden. Unter Orientierung kann man ein vertikales oder horizontales Diagramm auswählen.[1]

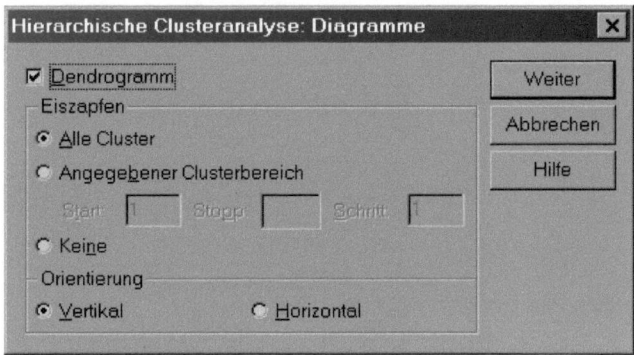

Abb. 5: Diagramm-Auswahlfenster

[1] SPSS Hilfe, SPSS Version 10

Als Cluster-Methode kann zwischen den bereits unter 2.4 erläuterten Methoden gewählt werden. Für diese Analyse wird, wie empfohlen, die Voreinstellung Linkage zwischen den Gruppen gewählt.

Als Distanzmaße stehen die unter 2.3 beschriebenen Maße zur Verfügung. Auch hier wird das voreingestellte Maß quadrierter Euklidischer Abstand für die Analyse genutzt.

Es können Datenwerte für Fälle oder Variablen standardisiert werden, um den Effekt von auf unterschiedlichen Skalen gemessenen Variablen auszugleichen. Da dies aber nicht auf die verwendeten Daten zutrifft, ist es nicht nötig.

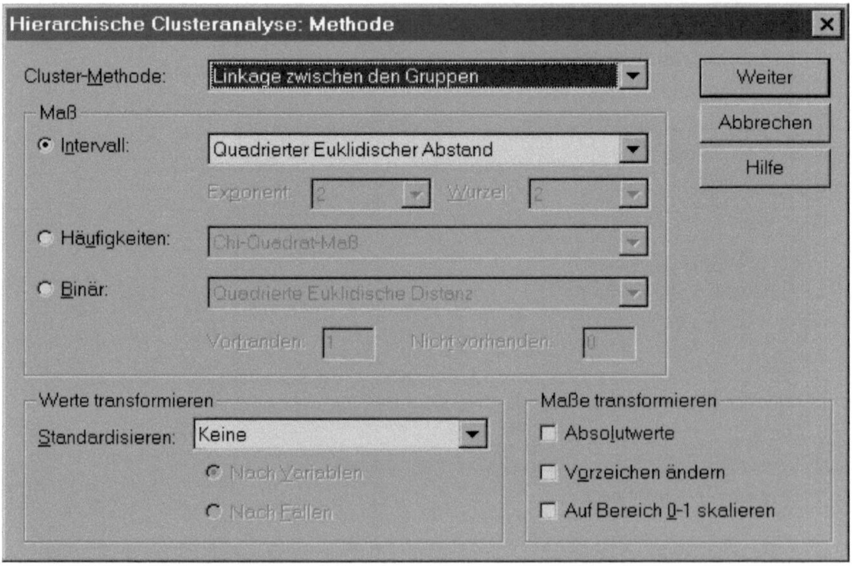

Abb. 6: Methoden-Auswahlfenster

Um die errechneten Abstandsmaße zu transformieren stehen folgende Möglichkeiten zu Verfügung.

Es können die absoluten Werte der Abstände genutzt werden. Dies ist nötig, wenn das Vorzeichen die Richtung der Beziehung angibt (wie bei Korrelationskoeffizienten), aber nur die Größe der Beziehung von Interesse ist.

Bei Vorzeichen ändern werden Ähnlichkeiten in Unähnlichkeiten transformiert und umgekehrt. Mit dieser Funktion ist es möglich die Reihenfolge von Abständen umzukehren.

Außerdem ist es möglich die Abstandswerte auf einen Bereich von 0 bis 1 neu zu skalieren. Die Werte werden standardisiert, indem zuerst der Wert des kleinsten Abstands subtrahiert und dann durch die Spannweite dividiert wird. Normalerweise werden keine Maße neu skaliert, die bereits auf sinnvollen Skalen standardisiert sind. Aus diesem Grund brauchen für diese Analyse die Maße nicht transformiert werden.

Nach dem Ausführen der Analyse für die Variablen wird die gleiche Vorgehensweise auch für die Analyse für die Fälle durchgeführt, mit dem einzigen Unterschied, dass die Einteilung der Cluster in vier Gruppen, anstelle von drei, gewählt wird.

3.4 Ergebnisse der Analyse und Interpretation dieser Ergebnisse

Aufgrund des unten dargestellten Dendogrammes wurde die Anzahl der Cluster auf drei festgelegt. Es ist zu sehen, dass die Einteilung in drei Gruppen den meisten Sinn ergibt. Bei zwei oder vier Clustern wäre die Einteilung der Variablen nicht eindeutig zu erklären. Zu entnehmen ist dies auch der Grafik, wenn man den Abstand der Gruppeneinteilungen betrachtet. Dieser ist zwischen der zweiten und dritten Gruppe am größten. Dies bestätigt die Einteilung in drei Cluster.

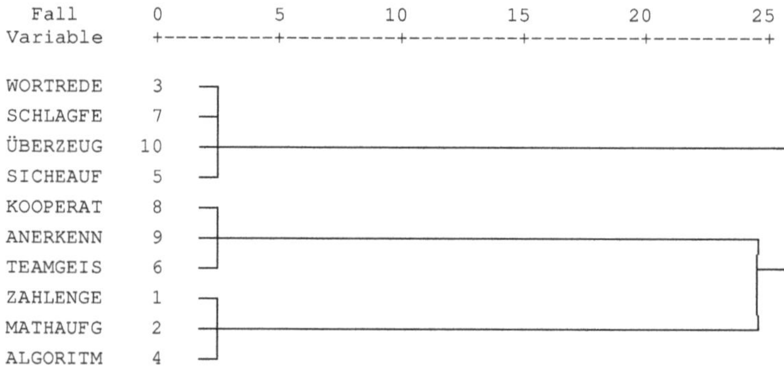

```
   Fall       0         5        10        15        20        25
   Variable   +---------+---------+---------+---------+---------+

   WORTREDE   3   ┐
   SCHLAGFE   7   ┤
   ÜBERZEUG  10   ┤
   SICHEAUF   5   ┘
   KOOPERAT   8   ┐
   ANERKENN   9   ┤
   TEAMGEIS   6   ┘
   ZAHLENGE   1   ┐
   MATHAUFG   2   ┤
   ALGORITM   4   ┘
```
Abb. 7: Dendogramm für Clusteranalyse der Variablen

Durch die Clusteranalyse der Variablen, kann man sehen, welche Variablen sich ähneln. Das bedeutet, dass Personen, die viele Punkte in einem bestimmten Test erreicht haben, wahrscheinlich auch eine hohe Punktzahl in ähnlichen Tests haben. Ebenso verhält es sich mit Tests bei denen wenig Punkte erreicht wurden.

Variable	3 Cluster
Zahlengedächtnistest	1
mathematische Aufgaben	1
Algorithmentest	1
Wort- und Redegewandtheit	2
Sicherheit im Auftreten	2
Überzeugungskraft	2
Schlagfertigkeit	2
Kooperation	3
Anerkennung in der Gruppe	3
Teamgeist	3

Abb. 8: Clusterzugehörigkeit der Variablen

Aus der Abbildung 7 ist zu entnehmen, welche Tests (Variablen) sich ähneln. So sind z.B. im 1. Cluster alle mathematischen Tests zu finden. Im 2. Cluster sind alle Tests die mit Redegewandtheit im Zusammenhang stehen zusammengefasst worden. Im 3. Cluster sind alle Tests die die Teamfähigkeit betreffen erfasst.

Aufgrund dieser Ergebnisse kann das Unternehmen die Auswahl der Kandidaten verbessern. Wenn z.b. besonders auf mathematische Fähigkeiten Wert gelegt wird so sollten die Testpersonen in allen Tests, die im ersten Clustern aufgeführt sind hohe Werte haben.

Die Auswahl der Clusteranzahl für die Clusteranalyse der Fälle liegt im Dendogramm, welches in der Abbildung 9 zu sehen ist, begründet. Dieser Grafik ist zu entnehmen, dass die Einteilung der Kandidaten in vier Cluster die optimale Lösung ist.

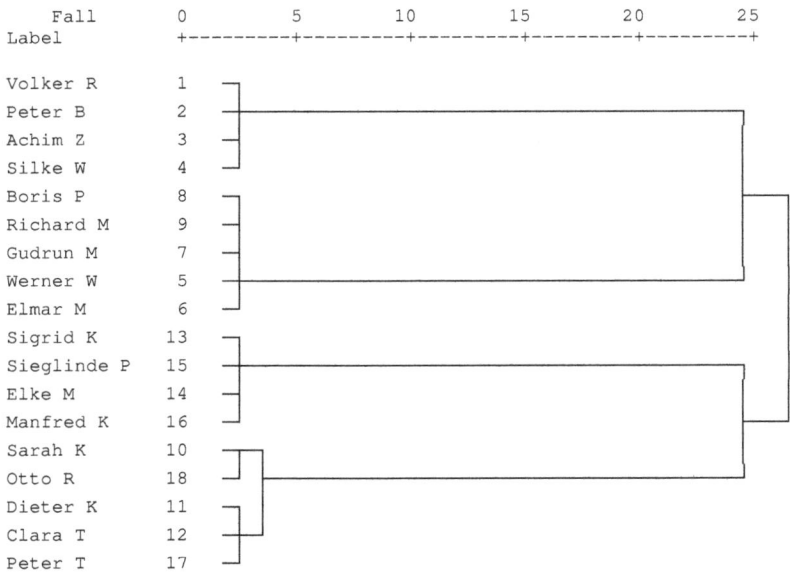

Abb. 9: Dendogramm für Clusteranalyse der Fälle

Die Einordnung der Testkandidaten in die 4 Cluster ist in dieser Tabelle dargestellt.

Fall	4 Cluster	Punkte
1:Volker R	1	97
2:Peter B	1	97
3:Achim Z	1	97
4:Silke W	1	97
5:Werner W	2	67
6:Elmar M	2	66
7:Gudrun M	2	65
8:Boris P	2	65
9:Richard M	2	65
10:Sarah K	3	63
11:Dieter K	3	63
12:Clara T	3	61
17:Peter T	3	59
18:Otto R	3	58
15:Siglinde P	4	60
16:Manfred K	4	60
13:Sigrid K	4	60
14:Elke M	4	60

Abb. 10: Clusterzugehörigkeit der Fälle

Dieser Tabelle wurde zusätzlich zur SPSS - Auswertung die Spalte Gesamtpunktzahl hinzugefügt, um eine Hilfe für die Ergebnisinterpretation zu erhalten.

Zu sehen ist, dass in der ersten Gruppe die Personen mit den höchsten Punktzahlen zusammengefasst wurden sind. Da sie fast in allen Tests die volle Punktzahl erreichten, ist kein Unterschied zu erkennen.

Im zweiten Cluster sind die Personen mit einer Punktzahl zwischen 65 und 67 zu finden.

In der dritten und vierten Gruppe hingegen ist der Unterschied nicht mehr nur an Hand der Punktzahl zu begründen. So wurden Peter und Otto, mit einer Punkzahl die kleiner ist als alle Werte der vierten Gruppe, in die dritte Gruppe aufgenommen.

Der Grund hierfür liegt in der Verteilung der Testergebnisse. Personen der vierten Gruppe haben höhere Punktzahlen in den mathematischen Tests, wohingegen die Mitglieder der dritten Gruppe höhere Punkte in Test um die Teamfähigkeit erreicht haben.

Daraus ist abzuleiten, dass es nicht genügt die Testergebnisse einfach zusammenzuaddieren, sondern auch die Verteilung der Ergebnisse von Bedeutung sein sollte.

Literaturverzeichnis:

Dr. Roland Unger, Einführungskurs SPSS, 2000

Achim Bühl, Peter Zöfel, SPSS Version 10, 7. Auflage 2000, Addison Wesley Verlag

K. Backhaus, B. Erichson, W. Plinke, R. Weiber, Multivariate Analysemethoden, 9. Auflage, 2000 Springer Verlag

SPSS Hilfe, SPSS Version 10